浙江省创意农业和都市农业系列丛书

美丽田园

Meili Tianyuan

赖齐贤　主编

烟在新建的住房上飘荡
河在美丽的村庄旁流淌
片冬麦那个一片高粱
里哟荷塘十里果乡

中国农业出版社
北 京

摄影：范日清

美丽田园

编 委 会

主　　编：赖齐贤
参编人员（按姓氏笔画排序）：

丁必裕　丁智荣　王　寅　叶　敏　刘　雷　李　冬
李建伟　李秋明　李紫琳　何梓群　邹舍平　沈健国
张冬青　张炳炎　陈　婵　陈逢纲　陈斯佳　范日清
林　铭　周北人　周晓宇　周雅娣　俞法明　顾兴国
钱丽娟　徐瑞珍　殷小明　翁仕宝　黄旭炳　葛恩嘉
蒋学廉　曾立新　虞　洁　褚　旭　褚礼典

序 PREFACE

　　创意农业是创意与现代农业的结合，起源于20世纪90年代后期。创意农业以市场需求为导向，以农业资源为基础，利用创意理念对农村的生产、生态和生活资源进行整合，以技术作支撑，并融入科技、人文等要素，设计出具有特色的创意农产品、农业文化、农业活动和农业景观，从而进一步拓展农业的产业功能、增强农业的生产效益。通过创意农业发展理念，提高农业生产的"创意"含量，实现农民立足乡土的效益增收，是化解当前农民"土地低效经营"困境的最具前景的途径。创意农业催生了大量的特色农业、景观农业、科技农业、都市农业等新型产业形态，因其显著的社会效益，吸引了大批企业和投资商。传统农业的"简单低效"形象逐步转变，"创意、时尚、休闲、生态"成为新时代农业的特色标签。

　　都市农业植根于都市，除了具有"都市之肺"的生态功能和参与、体验、休闲、娱乐及农事文化教育等社会功能以外，其发展中所体现的城乡融合、农旅一体、"三生"（生产、生活、生态）同步、"三产"（一二三产业）融合等先进理念，也非常契合农业现代化发展要求。大力发展现代都市型农业，对落实乡村振兴战略、推动农业转型升级、加快传统农业向现代农业转变具有重要意义。浙江省在顺应都市现代农业发展理念和要求的基础上，探索发展都市现代农业，取得了一系列成效，都市现代农业物质条件不断改善，产业体系明显提升。

习近平总书记指出，"要坚持乡村全面振兴，抓重点、补短板、强弱项，实现乡村产业振兴、人才振兴、文化振兴、生态振兴、组织振兴，推动农业全面升级、农村全面进步、农民全面发展。要尊重广大农民意愿，激发广大农民积极性、主动性、创造性，激活乡村振兴内生动力，让广大农民在乡村振兴中有更多获得感、幸福感、安全感。要坚持以实干促振兴，遵循乡村发展规律，规划先行，分类推进，加大投入，扎实苦干，推动乡村振兴不断取得新成效"。

浙江在创意上的思想基础十分雄厚。"创业富民、创新强省"既是浙江发展的经验，也是今后浙江发展的总体战略。改革开放以来，浙江各地依托不同的资源禀赋和经济条件，克服人多地少、自然资源紧缺等不利因素的制约，紧紧围绕市场，全面依靠创新，走出了一条独特而富有成就的现代经济发展道路，形成各具特色的创意经济。浙江人敢闯敢试，勇为天下先，催生了新时期的温州模式、台州现象、宁波经验，并将诸多"第一"写进了中国农村改革的辉煌历史，为发展创意农业提供了社会思想条件，塑造了差异竞争的优势，为现代农业发展的蓝海战略的实施创造了前提条件，也将推动浙江创意农业从创意农业产业向创意农业经济演进。

创意农业作为现代农业发展演变的一种新型农业业态，是新型农业现代化发展的重要标志。浙江省创意农业发展规划研究定位准确，在注重生产的同时，更加突出农业文化；主题鲜明，突显不同区块的不同主题；功能突出，创意农业是美丽产业的新平台、美丽乡村的新亮点。在此基础上，打造领军团队、样板工程、优质品牌，紧密结合美丽乡村建设、两区建设、特色小镇建设和特色农业强镇建设，使环境、产业、服务、素质、机制均得到提升，努力把创意农业打造成浙江省高效生态现代农业的新亮点。

　　浙江省农业科学院在国内率先提出对创意农业工程技术开展系统研究和集成化推广应用。2012年和2013年，浙江省农业科学院分别成立了浙江省创意农业工程技术研究中心及现代农业创意技术浙江省工程技术研究中心，2016年又获批成立了农业部创意农业重点实验室及国家发展和改革委员会的观赏作物资源开发国家地方联合工程研究中心。浙江省农业科学院紧紧围绕创意农业发展模式、农作制度创新工程技术、休闲养生农业与功能食品、屋顶农业、智能化农业工程技术与光伏设施农业等方向，开展理论研究与规划设计，转化、推广、开发了一批科技成果、专利、新品种和创意性新产品。在创意农业相关理论研究的基础上服务地方政府，开展了田园综合体规划、特色农业强镇规划、现代农业园区规划、休闲农业规划等项目的实践工作，在项目策划与建设、组织管理、运行机制、资金筹措、保证措施等方面都提出了科学合理的建设性意见，有效促使农业增效、农民增收、农村增美，促进农业现代化发展。

"浙江省创意农业和都市农业系列丛书"在此氛围下应运而生，农业农村部创意农业重点实验室、观赏作物资源开发国家地方联合工程研究中心、现代农业创意技术浙江省工程技术研究中心、浙江省创意农业工程技术研究中心给予了大力的支持。这些成果不仅在理论上给同行提供研究思路，而且也为各地创意农业发展提供借鉴。浙江省农业科学院发挥学科、技术、人才综合优势，紧密结合浙江发展战略和实际情况，高起点设计规划和实施好创意农业，必将推动我国创意农业发展走向新阶段。

赖齐贤

2018 年 11 月 20 日

前言 FOREWORD

"我们的家乡，在希望的田野上，炊烟在新建的住房上飘荡，小河在美丽的村庄旁流淌，一片冬麦那个一片高粱，十里哟荷塘十里果乡……我们世世代代在这田野上生活……"20世纪80年代，一首歌颂中国农村崭新面貌及生动活力的歌曲——《在希望的田野上》传唱大江南北，人们以此寄情田园、赞美乡村、祝福家乡。

放眼全球，工业大生产的兴起、商品市场的国际化、生态环境的不断恶化以及由此产生的人与人、人与自然的隔膜，使人们迫切希望回归自然、回归乡野。躲避都市的喧哗，亲近自然，置身于山水田园，成为人们最朴素、最本质的向往。

田园者，田野、田地、园圃也，既是农村赖以生存的物质基础，也是可以发挥独特自然资源优势，转化为"金山银山"的"绿水青山"。

田园之美，有未经修饰、雕琢的天然之美，有直接作为人类劳动生产场所的农耕之美，更有经过艺术加工的创意之美。

21世纪初，随着我国社会主义新农村和美丽乡村建设的不断深化以及创意农业新理念在我国的提出和实践，作为美丽乡村建设重要内容的美丽田园建设逐渐进入人们的视野。在美丽田园建设中，乡村的农耕特色决定了农田景观营造必须成为重头戏。在农田景观营造中，创意农业提供了有力支撑和明确方向。

2020年是我国"十三五"规划的收官之年。习近平主席在2020年新年贺词中说："2020年是具有里程碑意义的一年。我们将全面建成小康社会，实现第一个百年奋斗目标。2020年也是脱贫攻坚决战决胜之年。"国家"十三五"规划纲要强调"拓展农业多种功能，推进农业与旅游休闲、教育文化、健康养生等深度融合，发展观光农业、体验农业、创意农业等新业态。"农业农村部在"十三五"开局之年，在"都市农业学科群"这个单元内组建了农业农村部创意农业重点实验室，在农业农村部科技教育司、浙江省农业农村厅指导和浙江省农业科学院组织管理下，浙江省农业科学院农村发展研究所及其他各研究所作为执行部门，积极开展创意农业理论及工程设计理论研究、观赏作物资源开发利用及创意农业种质创新、特种空间农业技术利用、创意功能农产品开发利用，致力于乡村振兴战略实施和脱贫攻坚、美丽乡村建设和现代农业发展，实现"产、学、研"相结合，将科技成果转化为现实生产力，实验室成为我国重要的创新载体，为创意农业的发展注入新活力、开辟新路子。全国各地稻田画、花田画等创意农业景观营造成为美丽乡村的一抹亮丽风景，为传统农业向新型农业业态转变，为乡村振兴和脱贫攻坚作出了贡献。

本书着意采撷呈现田园的天然之美、农耕之美和创意之美，给人以知识的普及、美的熏陶，供从事田园创意的人们作为可选的品鉴参考素材。

本书的编写得到有关单位、专家和许多摄影爱好者的支持和协助，深圳市凤翔文化传播有限公司和浙江省城山沟桃源山庄等免费提供了大量照片，在此深表谢意。限于编者水平，难免有不足和错漏之处，敬请读者批评指正。

编　者

2020年6月

目录 CONTENTS

亦粮亦景 CHAPTER 1

摄影：丁必裕

稻田画

　　稻田画是由不同颜色的水稻组成，经过彩稻选育、图案设计、定点测绘、秧苗栽植、田间管理五个环节，花费数月的时间"种"出来的。

　　"不忘初心，牢记使命"稻田画　　　*摄影：李冬*

　　稻田画起源于日本。1993年，日本青森县田舍馆村为振兴当地经济，开发观光资源，利用当地拥有多种色彩水稻的优势，开始制作稻田画。因为独特的稻田画景观，每年去田舍馆村的参观旅游人数超过20万人。

"党徽"稻田画　　摄影：殷小明

"国庆·乡村振兴"稻田画　　摄影：李冬

以国庆为主题的稻田画　　摄影：李冬

　　21世纪初，随着我国社会主义新农村和美丽乡村建设的不断深化以及创意农业新理念的提出和实践，作为休闲观光农业一种形式的稻田画在我国农业大省被越来越普遍地尝试和推广。

湖北省随州市大洪山风景区的＂中国梦＂稻田画

图片提供：深圳市凤翔文化传播有限公司

2014年，浙江省农业科学院李冬、张小明、王俊敏、刘合芹、徐志福、叶少挺发明"彩色水稻图案预测和图案种植方法"（专利号：CN201410368751.9），依据水稻动态生长模型，根据种植方案在计算机上模拟水稻各个阶段的生长情况，并预测展示不同阶段的图案效果，从而更利于设计和种植。

浙江省龙泉市的"中国梦"稻田画　摄影：李冬

2019年是中华人民共和国成立70周年，各地的许多稻田画反映了全国人民"爱我中华"的共同心声。

广东省茂名大地艺术公园的"爱我中华"稻田画

江苏省苏州市的"中华人民共和国成立70周年"稻田画

湖北省大洪山的"我和我的祖国"稻田画

本页图片提供：深圳市凤翔文化传播有限公司

"盛世华诞"稻田画

"七十周年华诞"稻田画

本页图文：赖齐贤、俞法明、李冬、林铭等

　　2019年，为庆祝中华人民共和国成立70周年和迎接浙江省新品种大会，浙江省嵊州市良种繁育场以浙江省湖州市农业科学院和浙江省农业科学院育成的晚粳稻浙湖粳25为背景，用浙江大学育成的彩色稻浙大紫彩禾、浙大银彩禾、浙大黄彩禾种植出彩色稻艺术图案，图案面积共4亩*，用彩绘稻田艺术营造欢乐祥和的节日气氛。

---

　*　亩为非法定计量单位，1亩＝1/15公顷。全书同。——编者注

浙江省嘉善县的"中华人民共和国成立70周年"稻田画

摄影：蒋学廉

浙江省仙居县下各镇粮食功能区的"中华人民共和国成立70周年"稻田画（该区种植面积3 000多亩）

摄影：李建伟

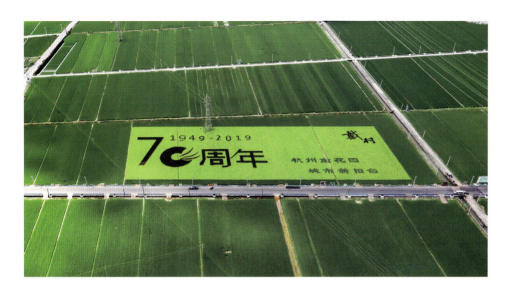

杭州市萧山区的"中华人民共和国成立70周年"稻田画

摄影：丁智荣

浙江省宁波市奉化麦浪农场以普通绿色的杂交晚粳稻甬优7860为背景，在120亩面积的示范方内以紫色和黄色的彩色稻勾绘出党旗和国旗，配以"七十华诞　普天同庆"和"我爱祖国"文字。

浙江省宁波市奉化麦浪农场的"我爱祖国"稻田画　　摄影：周雅娣

浙江省建德市"献礼祖国"稻田画　　摄影：叶敏

浙江省宁波市奉化麦浪农场的"乡村振兴"稻田画

摄影：李冬　周雅娣

　　随着乡村振兴时代的来临，广大农民群众将实现乡村产业振兴、人才振兴、文化振兴、生态振兴、组织振兴的豪情描画到了自己亲身耕种的水稻田上。浙江省宁波市奉化麦浪农场以普通绿色的杂交晚粳稻甬优1540为背景，在示范方内以紫色和黄色的彩色稻勾绘出"龙、马和太阳鸟"的图案，配以"乡村振兴"文字。

浙江飞翼生态农业有限公司的"飞翼源"稻田画　摄影：林铭等

　　2017年，浙江飞翼生态农业有限公司以企业商标图案为设计模板，先在田间通过建立网格线进行定点定位，以浙江省农业科学院育成的晚粳稻浙粳99为背景，用黄叶稻浙黄1号和紫叶稻浙彩4号种植出"飞翼源"商标形状，图案面积共10亩。企业用彩色稻田艺术展示企业形象，吸引游客。

浙江省永嘉县"乡村振兴"稻田画　摄影：李冬

浙江省义乌市"乡村振兴"稻田画　　摄影：李冬

"乡村振兴"稻田画　　摄影：李冬

茗岙太极图与茗岙摄影小镇　　摄影：李冬

杨丰山绿色大米产自浙江省仙居县朱溪镇的后塘、西金、大洪等10多个村。因地处山区，梯田土壤好，光照足，日夜温差大，是当地有名的优质稻米生产基地，年产稻谷150多万千克。杨丰山海拔在400米以上。梯田如链似带，层层叠叠，高低错落，线条行云流水，潇洒柔畅，巧夺天工，磅礴壮观，令人神往。传说杨丰山人为助大禹治水，用珍藏的大米种子为治水的勇士们做饭，天姥有感于杨丰山人的赤子之心，赐予仙稻种子。从此，杨丰山大米的品质闻名遐迩。"醉美杨丰山"被认定为2018年度浙江省最美田园。

浙江省仙居县朱溪镇杨丰山大米产地（该区种植面积 2 000 多亩）

摄影：李建伟

在山水田野中画与景融为一体　　摄影：李冬

刘基故里的稻田画

　　以浙江省农业科学院育成的优质籼稻明珠4号为背景，用黄叶稻浙黄1号、紫叶稻浙彩4号、白叶稻构建文字和图案，总面积60亩，用彩绘稻田艺术展示刘基（明代开国元勋刘伯温）故里。

本页图文：俞法明、张炳炎、黄旭炳等

浙江省龙泉市的稻田画与山景相得益彰　　摄影：殷小明

浙江省龙泉市的田园因有稻田画而更显灵秀　　摄影：殷小明

浙江省宁波市奉化麦浪农场以普通绿色的常规晚粳稻宁84为背景，以紫色和淡黄色的彩色稻勾绘出"金猴献桃"图案，配以"生态奉化"文字。

浙江省宁波市奉化麦浪农场的"金猴献桃"稻田画　　摄影：周雅娣

湖南省常德市西洞庭镇的"鱼米之乡"稻田画

本页图片提供：深圳市凤翔文化传播有限公司

广西宾阳县古辣镇的"最美蓝衣壮"稻田画

"美丽通元" 稻田画　　摄影：李冬

"美丽田园"稻田画　　摄影：李冬

炮龙之乡——广西宾阳，每年的农历正月十一灯火辉煌时分，大街小巷沸腾，四里八乡的父老乡亲和南宁、柳州以及广东等地的游客，早早地赶到，一睹炮龙舞风采。炮龙所到之处，各家各户都夹道相迎，将事先准备好的鞭炮拿出来燃放。传说炸龙能带来一年的兴旺，钻龙肚能带来一年的吉祥如意，喝"龙粥"能除祛疾病。宾阳炮龙节因承载着众人的梦想，年复一年，代代起舞，终成独特的地方文化。

广西宾阳的"炮龙"稻田画

本页图片提供：深圳市凤翔文化传播有限公司

佛道神仙、少儿动画也成为稻田画

作物迷宫

　　作物迷宫，即利用生长着的作物或收获了的作物植株茎秆营造出迷宫阵，让游客与作物零距离接触的同时，经历走出迷宫所具有的独特体验。与一般的休闲娱乐项目不同，作物迷宫将农业特色与旅游业及拓展训练巧妙结合，让人们在享受自然风光、农业风情的同时进行娱乐、休闲。走出迷宫需要自己的判断，需要勇气，也需要运气，所以作物迷宫在娱乐的同时还能起到教育启发的作用。

浙江省永嘉县的"高粱迷宫"　　摄影：李冬

　　作物迷宫起源于美国。1966年，美国犹他州一些农场利用玉米创造了一种大人和孩子们都十分热衷的娱乐方式——玉米迷宫。此后，美国掀起"迷宫热潮"。1993年美国宾夕法尼亚州创建最早的大型玉米迷宫，随后迅速风靡欧美、日本等地。

　　我国各地在21世纪初的美丽乡村建设中也开始学习和建设作物迷宫。

农机奏鸣

"农业的根本出路在于机械化。"

农机轰轰响，喜鹊喳喳叫——好一幅乡村丰收美景图。

浙江省嘉善县农田机械化组图　　摄影：钱丽娟

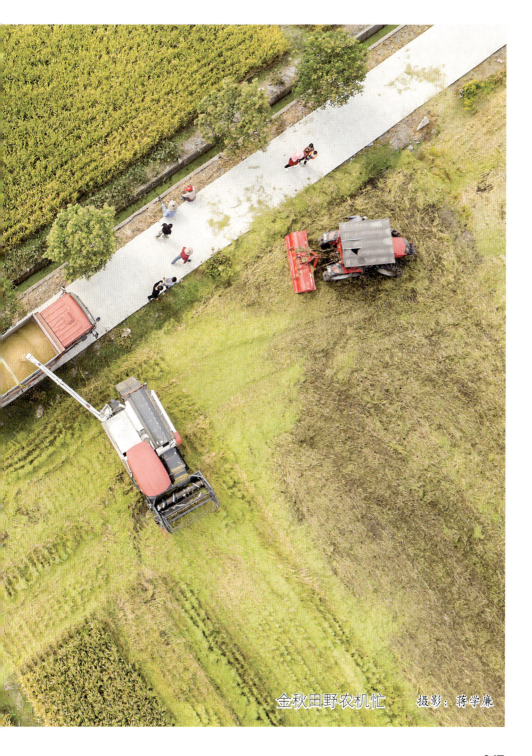

金秋田野农机忙　　摄影：蒋学廉

稻色精彩

　　如果说稻田画渗入了人工的艺术因素，那么，传统农耕稻田衬托下的田园之美，更接近于天然，也是稻田画发挥艺术作用的基础。

欢岙稻香　　摄影：褚礼典

丰收在望　　摄影：陈婵

　　泳溪香稻，产自浙江省天台县泳溪乡，因其沁人心脾的米香闻名。全乡山区高低层叠的梯田海拔500多米，有3 800多亩种植香稻。这里阳光充足，但气温较低，灌溉用水都是来自山涧溪坑无污染的凉水，水

稻生长成熟周期比平原水稻延长45天左右，一年只能种一季。泳溪乡2017年成功创建浙江省休闲农业与乡村旅游示范乡镇，"泳溪鎏金梯田"被认定为2018年度浙江省最美田园。

泳溪鎏金梯田景观 　　摄影：丁必裕

丰收的喜悦　　　摄影：丁必裕、周北人

泳溪乡政府通过举办香米节,提高知名度,香米价格是一般稻米的数倍甚至数十倍。

泳溪乡香米节　　摄影:丁必裕、周北人

　　这组图片拍摄于浙江舟山六横岛75亩甬优9号水稻田，表现了这片土地的水稻从播种、成熟到收割的生命周期。以无人机高空俯瞰，记录色彩变化的同时也感受农业的无限魅力。

浙江省舟山市稻田俯瞰景观　　摄影：葛恩嘉

浙江省松阳县，一丘水稻壮秧，独处高山，向空吐纳，吸雾服气

摄影：曾立新

　　创办于20世纪50年代的嵊州良种繁育场是浙江省省级水稻新品种展示基地，全国水稻新品种展示示范区之一，承担国家级水稻新品种展示示范任务。嵊州在水稻新品种展示基地建设过程中，注重生态保护，重视绿化美化田园，被评为浙江省"最美田园"。在2019年更是引入了杭州声能科技有限公司的智能驱鸟系统，利用声光结合的精准防控机理有效驱赶了麻雀等害鸟，在保护生态平衡的同时成功控制鸟害，大大提高良种存活率，为粮食安全作出贡献。

嵊州良种繁育场的智能驱鸟系统　　　摄影：李紫琳

人类、村庄、稻田，我依你而居，你拥我入怀，睡梦安稳而清香。

浙江省临海市白水洋镇粮食功能区　　　摄影：李建伟

浙江省仙居县下各镇粮食功能区　　　摄影：李建伟

广袤的浙江省嘉善县稻田　　摄影：蒋学廉

摄影：钱丽娟

摄影：蒋学廉

摄影：钱丽娟

摄影：叶敏

稻色精彩纷呈

摄影：叶敏

摄影：丁智荣

摄影：叶敏

　　秋天的稻田一片金黄，一派丰收景象。她敞开海一般宽阔的胸怀，犹似在迎接拥抱每一个游子。

摄影：叶敏

摄影：钱丽娟

摄影：叶敏

农事趣景

晴天一身汗，雨天一身泥。翻耕、播种、移栽、田间管理、稻谷收割、储藏，虽然农事很烦琐也很辛苦，但劳作是最可靠的财富，劳动是世界上一切欢乐和一切美好事物的源泉。劳动创造了历史，劳动创造了未来，劳动创造了人。

也许，这里正在进行的，是一项伟大的"艺术启蒙运动"　　摄影：丁必裕

天地树人　　摄影：徐瑞珍

农耕何尝不是一种"饭食经行"　　摄影：陈婵

花意诱人 CHAPTER 2

摄影：曾立新

花田画

画中花，花作画。画中景，景如画。

古窗靓景　　摄影：徐瑞珍

"不忘初心，牢记使命"油菜花田画

摄影：李冬

浙江省"城山沟桃花梦"花田画　摄影：周晓宇

在油菜图案种植方法研究上，浙江省农业科学院李冬、张冬青、林宝刚、赖齐贤、刘雷发明了"一种基于田间精准定位仪的彩色油菜图案种植方法"（专利号：CN201810754389.7）。

　　林宝刚、张冬青、余华胜、张尧锋、华水金发明了"一种不同花色油菜图案的种植方法"（专利号：CN201510198625.8），极大地提高了复杂油菜图案种植的工作效率和精确度，有力地推动了彩色图案种植在农业观光旅游业中的推广。

千亩油菜花海、千亩草花和30余公里长的醉美山湖绿道，是深圳市光明区打造农业特色旅游品牌的成果，由深圳市凤翔文化传播有限公司、广西观复农业科技有限公司、苏州乐谷农业科技有限公司承担设计和落实。

深圳市千亩油菜花海

图片提供：深圳市凤翔文化传播有限公司

广东省云浮市创意油菜花海"云雾山"

陕西洋县 "花开鹮乡 爱满洋州" 花田画

湖南省长沙县江背镇 "螃蟹" 花田画

湖南省常德市西洞庭区 "春" 花田画

本页图片提供：深圳市凤翔文化传播有限公司

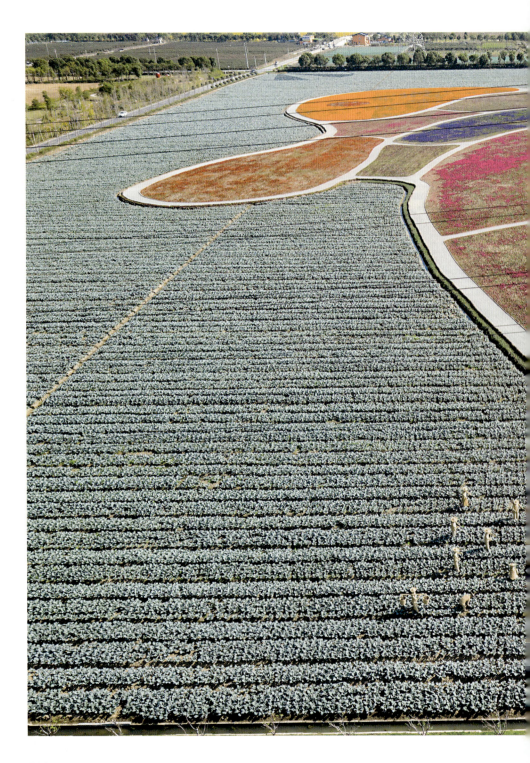

五彩缤纷　摄影：蒋学廉

菜花靓景

平凡的菜花，如云般映入你的眼帘时，美不胜收，应接不暇，远看就像是一片彩色的海洋泛起了波浪。

花开湘湖   摄影：丁智荣

城山沟景区景观

　　浙江省长兴县城山沟景区占地2 000余亩，是一家集旅游观光、休闲度假、餐饮住宿、水上活动、果园采摘等多位于一体的休闲农业与乡村旅游景区。黄白相间的油菜花坡地上，还种植了桃树。

　　这里依山傍水，桃花盛开时节，漫山粉红，树下是一片金黄色的油菜花，好一派田园风光。桃花的清新，菜花的浓郁，泥土的芬芳，使人恍若置身于一片世外桃源之中。

本页图片提供：城山沟桃源山庄

城山沟景区景观

浙江省农业科学院、农业农村部创意农业重点实验室在浙江省长兴县城山沟的油菜赏食兼用新品种、新技术、新模式示范基地。

本页图片提供：城山沟桃源山庄

安徽省绩溪县家朋乡——浪漫菜花　　摄影：曾立新

紫粉梦幻

一说到紫色花，人们就会想到薰衣草。确实，紫色花卉可以让人产生"美到窒息"的感受。而普通的马鞭草竟也有类似的魅力。

走进浙江省仙居县白塔镇1 000亩马鞭草种植园，就如进入了紫色梦幻世界

摄影：李建伟

　　粉色是温柔的象征，给人一种温暖的力量。粉色的荷花更给人以圣洁高雅、出淤泥而不染的感受。

荷花世界别样迷人

荷花世界别样迷人　　摄影：丁必裕

桃花盛开

在那桃花盛开的地方
有我可爱的故乡
桃树倒映在明净的水面
桃林环抱着秀丽的村庄

摄影：丁必裕

浙江省天台县寒石山是诗僧寒山子隐居地，雄伟的十里岩嶂和其中无数奇岩怪洞是寒石山的精华所在，春天的寒石山麓下桃花盛开，游人如织。

寒石山麓下桃花盛开　　摄影：陈逢纲

寒石山下桃花开　　摄影：丁必裕

山花醉人

花不醉人人自醉。花本迷人，衬以青山绿水，更显妩媚。

浙江省武义县——天际百合　　摄影：曾立新

浙江省天台县大雷山是天台第一高峰，海拔1 229.4米，与仙居临海比邻。
春到大雷山，站在山顶上，远处层峦叠嶂，云雾缭绕，满山开满了映山红。

浙江省天台县——大雷山映山红　　摄影：陈逢纲

　　4月的江南鲜花盛开，突然一夜间在千米高山——华顶山上出现了极其罕见的雾凇，宛若红艳的花仙子。

摄影：陈逢纲

与晶莹剔透的琼花在童话般的世界相遇结合，洁美绽放，惊艳无比，美仑美奂。

茶果林野 CHAPTER 3

摄影：曾立新

绿了茶园

　　四季常绿的茶园，在新时代走上了绿色发展之路。

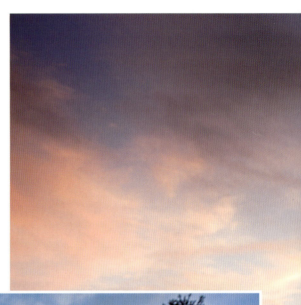

生态茶园　　摄影：曾立新

雾润高山茶　　摄影：曾立新

天台山云雾茶产于浙江省天台县，以最高峰华顶所产为最佳，故又名华顶云雾、华顶茶。天台山云雾茶树大都种植于海拔800～900米处。茶区气候夏凉冬寒，常年平均气温为12.2℃，四季浓雾笼罩，冬季经常积雪，年降水量1900毫米，茶地终年保持湿润。天台山云雾茶外形细紧圆直，白毫显露，色泽翠绿，香高持久，品质优异，具有高山云雾茶的天然特色，一杯在手，馨沁肺腑。

天台山云雾茶产区　　摄影：丁必裕

　　浙江省天台县高山上有大面积的茶园，春天到了，采茶姑娘们背着竹篓，在云雾缭绕的茶园中采茶忙。

天台山云雾茶的采摘和加工

由于山中气温低、温差小、湿度大，茶苗萌芽迟缓，于小满后始行采摘一芽二叶。经鲜叶摊放，高温杀青，煽热摊凉，轻加搓揉，初烘失水，煽热摊凉，入锅炒制，低温烘焙，稍凉装箱等工序制成。

摄影：丁必裕

摄影：陈逢纲

农业害虫声光精准防控系统由杭州声能科技有限公司独立研发生产，是现代声学技术在农业植保领域的创新性应用。基于农业害虫种群间的信息流特征解析，系统受控发射特定声光脉冲，以"信息链作用于生物链"的方式阻断农业害虫的繁殖链，实现害虫的物理精准防控。对茶叶害虫防控效果显著，已经具有产业化基础。

至2019年年底，农业害虫声光精准防控系统陆续在浙江省开化县、浙江省松阳县、江苏省无锡市、浙江省缙云县等地验证，已建成万亩政府示范基地，取得了显著的经济和社会效益，相关成果通过了省部级科技成果鉴定。

茶园害虫声光防控　　摄影：李紫琳

红了柿子

柿子被誉为"果中圣品"，是浙江省天台县雷峰乡的传统果品之一。其中尤以茶丰村的红朱柿种植历史最为悠久，至今已有300多年的栽植历史。茶丰村拥有天台县最大的茶柿混交林约1 000亩，村里树龄超过百年的老柿树有50多株，最老的红朱柿树树龄已超过200年。

浙江省茶丰村柿子　　摄影：丁必裕

朝霞映柿林　　摄影：陈逢纲

　　浙江省天台县雷峰乡西山头村满山茶园里种植柿树，秋天到了，柿子红了。朝霞洒在柿林中，别有一番风景。

　　西山头村坐落在山顶上，保留了农村乡土建筑风貌，村里的茶柿混交栽培是西山头村柿园的特色，红丹丹的柿子，坠满枝头，果实累累。

硕果累累　　摄影：陈逢纲

柿红西山头

　　　　摄影：徐瑞珍

雾生水起

　　乡村田野五彩缤纷，除了阳光明媚和农耕粮田，还有原野上雾生水起处的朦胧之美。

坐看云卷云舒　　摄影：曾立新

栗林依水顾影　　摄影：曾立新

里石门水库是浙江省天台县十大风景之一，始建于1973年5月，竣工于1979年11月，坝高74.3米，采用混凝土双曲拱坝，库容1.99亿米^3，承担了天台县始丰溪两岸18万亩农田灌溉任务，并拦蓄防洪，保证下游安全。

里石门水库　　摄影：陈逢纲

春山新雨后，天气暖还寒，花红又柳绿，晨曦笼田园　　摄影：陈逢纲

浙江省天台
县桐柏下水库

摄影：徐瑞珍

雾润原野　　摄影：曾立新

雾蒸霞蔚寒山湖（一）　　摄影：徐瑞珍

雾蒸霞蔚寒山湖（二）　　摄影：丁必裕

水光灯影靓田园 （一）　　摄影：徐瑞珍

水光灯影靓田园（二）　　摄影：徐瑞珍

晨雾蒙蒙笼云涛（一）　　摄影：徐瑞珍

晨雾蒙蒙笼云涛（二）　　摄影：徐瑞珍

林伴村居

人爱自然，林伴村居，在美丽田园中生活，是人与自然相处的一种和谐，让现代人憧憬。

南方"布达拉宫"　　摄影：曾立新

梨园瓦房　　摄影：丁必裕

居于莲花梯田　　摄影：徐瑞珍

晨曦中的村居　　摄影：褚旭

茶果林野 · 林伴村居

金秋人烟　摄影：徐瑞珍

147

农居晒秋

　　晒秋是一种典型的农俗现象。村民利用房前屋后及自家窗台、屋顶架晒或挂晒农作物。这种特殊的生活方式和场景，逐步成了画家、摄影家追逐创作的素材，并塑造出诗意般的"晒秋"称呼。

晒秋不忘党恩国恩　　摄影：赖齐贤

野地晒秋　　摄影：赖齐贤

房前屋后晒出好景致（一）　摄影：赖齐贤

房前屋后晒出好景致（二）　　摄影：赖齐贤

房前屋后晒出好景致（三）　　摄影：赖齐贤

畜禽鱼乐 CHAPTER 4

摄影：叶敏

稻鳖共生

湖州德清稻鳖共生种养区　　　摄影：叶敏

桑基鱼塘

浙江省湖州市南浔区桑基鱼塘　　摄影：叶敏

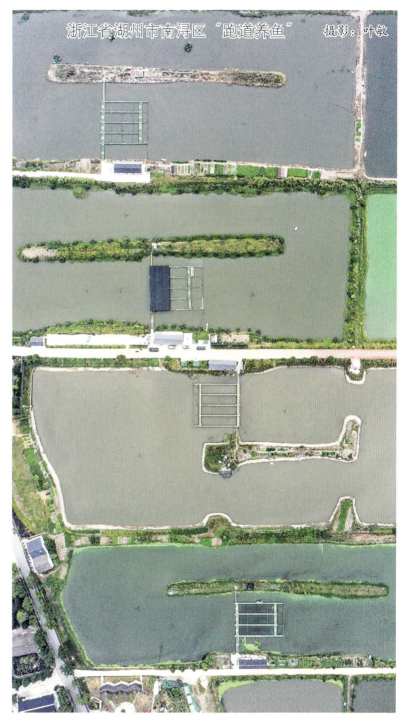

浙江省湖州市南浔区"跑道养鱼"　　　摄影：叶敏

灵动飞禽

翩翩白鹭　　摄影：丁必裕

溪空鸟儿欢　　摄影：丁必裕

一年之计在于春，立春过后，新的一年人们开始播种五谷了。传统的牛耕变成了铁犁，白鹭与铁牛好像在田野里比赛。

白鹭与铁牛　　摄影：陈逢纲

　　白鹭自由地在翻耕后的水田里觅食，悠闲地看着不远处劳作的农民，优美的画面展现了田野间人与自然的和谐相处。

摄影：陈逢纲

牛儿哞哞

牛儿也拉练　　摄影：褚旭

不是和稀泥　　摄影：邹舍平

和谐　摄影：丁必裕

真美！出来瞧瞧　　摄影：褚礼典

图书在版编目（CIP）数据

美丽田园/赖齐贤主编 . —北京：中国农业出版社，2020.11

ISBN 978-7-109-27226-2

Ⅰ.①美…　Ⅱ.①赖…　Ⅲ.①农村–社会主义建设–研究–中国　Ⅳ.①F320.3

中国版本图书馆CIP数据核字（2020）第157047号

中国农业出版社出版

地址：北京市朝阳区麦子店街18号楼

邮编：100125

责任编辑：阎莎莎

版式设计：王　晨　责任校对：赵　硕

印刷：北京通州皇家印刷厂

版次：2020年11月第1版

印次：2020年11月北京第1次印刷

发行：新华书店北京发行所

开本：700mm×1000mm　1/16

印张：11.75

字数：195千字

定价：98.00元
